国家林业和草原局宣传中心　主持出版

绿野寻踪

蝮蛇的故事

史静耸　王小平　著

中国林业出版社
China Forestry Publishing House

作者简介

史静耸，中国科学院古脊椎动物与古人类研究所博士生。2012年硕士毕业于沈阳师范大学两栖爬行动物研究所，在读期间从事蝮蛇的分类学、生态学、演化等相关研究工作。2010年起，前往中国各地寻找、拍摄各种蝮蛇，研究不同蝮蛇在中国的分布格局和分类情况，其间有数次被蝮蛇咬伤的经历。2017年，在青海三江源地区发现蝮蛇新种，命名为红斑高山蝮 (*Gloydius rubromaculatus* Shi，Li and Liu，2017)。著有科普书籍《水陆怪杰：蟾蜍》。

王小平，2001年毕业于东北林业大学，后一直在蛇岛老铁山国家级自然保护区从事鸟类、蛇类、植物、海滨动物等基础研究工作。一直致力于大、中、小学生的科普宣教工作。2013年以来，主编出版了《蛇岛老铁山保护区植物图谱》《蛇岛老铁山保护区鸟类图谱》两部专著；参与编写出版了《葳蕤多姿的植物》《灵趣盎然的动物》等作品。2016年被评为全国环保科普工作先进个人，大连市十大环保人物。

目录

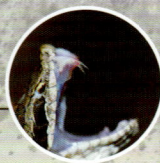

第一篇 认识蝮蛇

地球上有 3000 多种形态各异的蛇，它们有的无毒，有的有毒。在中国，眼镜蛇、眼镜王蛇、金环蛇、银环蛇、竹叶青、蝮蛇都是著名的毒蛇。其中，蝮蛇是我国分布最广、数量最多的一种毒蛇。

短尾蝮

短尾蝮主要沿长江中下游分布，是我国最为常见的蝮蛇之一（黄鑫磊 摄）

什么是蝮蛇

　　"蝮蛇"是指一类具有颊窝的管牙类毒蛇。蝮蛇属于蛇亚目中的蝰蛇科（Viperidae）蝮亚科（Crotalinae）。其中，最典型的就是亚洲蝮属（Gloydius）和美洲蝮属（Agkistrodon）的蛇类。在蝮蛇的身上，同时具备两项"高科技"的装备，一个是位于鼻孔和眼睛之间的一对"颊窝"，用来探测猎物所散发出的红外线；另一个是位于口腔上颌的细长、尖锐的管状毒牙，能够向猎物或敌人注射毒液。这两项"秘密武器"，让蝮蛇得以在漫长的生物演化中存活下来。蝮蛇的适应能力很强，所以在很多地区都能看到它们的踪迹。

　　在我国，蝮亚科的蛇类主要包括亚洲蝮、竹叶青、烙铁头、原矛头蝮和尖吻蝮这几类，其中亚洲蝮属的蛇类有短尾蝮、黑眉蝮、高原蝮等 10 余种。这个数字还在不断变化着，偶尔还有一些新种被科学家发现和命名。例如在 2017 年和 2018 年，我国科学家就在青藏高原发现了高原蝮蛇新物种——红斑高山蝮和若尔盖蝮。

　　在这本书中，主要介绍亚洲蝮属的蛇类。

鼻孔
颊窝

有颊窝的蝮蛇（阿拉善蝮）

6

这些是蝮蛇

一般来说，具有颊窝和管状毒牙的蛇类都可以称为蝮蛇，例如尖吻蝮、烙铁头、竹叶青、原矛头蝮蛇和美洲的响尾蛇等，都属于广义上的蝮蛇。

尖吻蝮，又称五步蛇（金黎 摄）

察隅烙铁头蛇（齐硕 摄）

原矛头蝮体形十分修长，行动敏捷，有很强的攻击性

竹叶青通体翠绿，眼睛和尾巴尖多为红色，夜间活动，有时候会爬上树（金黎 摄）

竹叶青（周佳俊 摄）

鼻孔

颊窝

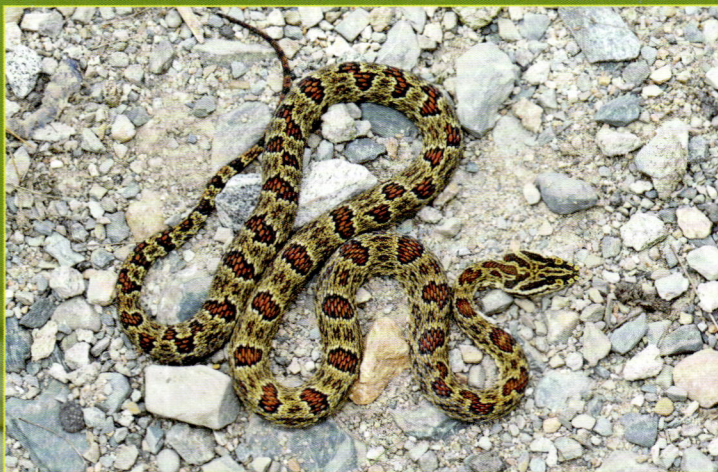

菜花原矛头蝮与原矛头蝮
外观相似，但体色更为艳丽一
些，在不同的地区，它们的个
体颜色变化很大。

陕西秦岭的菜花原矛头蝮

四川西部的菜花原矛头蝮

美国亚利桑那州的黑尾响尾蛇（丁亮 摄）

草原响尾蛇（孟翔舒 摄）

尖吻蝮（五步蛇）

蝰蛇——蝮蛇的远亲

蝰蛇与蝮蛇长得很相像，也属于剧毒蛇，但它们只能算是蝮蛇的"远亲"。蝰蛇与蝮蛇最大的区别在于，蝰蛇的鼻孔和眼睛之间没有颊窝。大多数蝰蛇在受到惊吓的时候都会发出"嘶嘶"的呼气声，以此来威吓敌人。

暹罗蝰又称"百步蛇""金钱豹"，毒性非常猛烈（张亮 摄）

仅有鼻孔

分布于吉林长白山地区的极北蝰，比较耐寒，从中国东北地区到欧洲都有分布（王吉申 摄）

虽然蝰蛇和蝮蛇都有剧毒，但是它们不会主动攻击人类。只有在被踩到或是被捕捉的时候，才会出于自卫而张嘴咬人。所以，如果我们在野外碰到它们，只要绕着走就可以了，不要随便挑逗或者试图捕捉它们。

白头蝰体色鲜艳，因其白色的头部而得名。行踪隐秘，喜欢夜间出来活动。它们的一些生活习性至今还不为人知

团花锦蛇主要生活在我国北方，比较罕见。主要吃老鼠、蜥蜴和鸟蛋等，偶尔也会吃其他蛇

"冒牌"蝮蛇

怎样区分毒蛇与无毒蛇呢？以蝮蛇为例，大多数的蝮蛇体形短粗，体色灰暗，皮肤粗糙，头部是三角形的；而无毒蛇大多体形细长，皮肤光滑，头是圆形的。

但是，在自然界中，有一些蛇类虽然没有毒，却偏偏长着一副剧毒蛇的模样：它们的头是三角形的，背部长有圆形的斑纹，在受到威胁的时候也会把身体缩成一团，鼓起腮帮，使头部的三角形更加明显，这是为了吓唬敌人，保护自己。

颈棱蛇俗称"伪蝮蛇"，意思是"冒牌"的蝮蛇。分布于我国南方多个省份，长有三角形的头，但是仔细看就会发现，它们的瞳孔是圆形的，而且鼻孔和眼睛之间没有颊窝。颈棱蛇喜欢吃青蛙和蟾蜍（周佳俊 摄）

第二篇　蝮蛇的家园

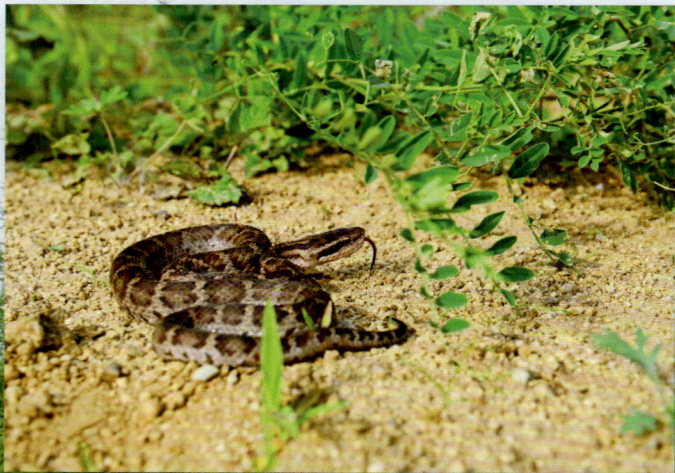

西伯利亚蝮

东北大兴安岭地区的苔原

高超的适应本领

　　蝮蛇的适应能力比一般的蛇类更强。食物丰富的森林、农田是它们生活的乐土，但在很多恶劣的环境中，也可以看到蝮蛇的身影。

大兴安岭森林中的西伯利亚蝮

山林中的蝮蛇

东北地区

　　我国北方的山区森林中，栖息着很多小型动物，这为蝮蛇提供了丰富的食物，是蝮蛇理想的栖息场所。例如，在大兴安岭原始森林中，就栖息着很多乌苏里蝮和西伯利亚蝮。不过，西伯利亚蝮喜欢树林边缘干燥的石堆、灌木丛和农田；而乌苏里蝮更加喜欢溪流边等多水的环境，因为那里有它们喜欢吃的鱼和蛙。

乌苏里蝮生活在山区，喜欢栖息在溪流附近
（齐硕 摄）

位于我国东北的黑龙江省大兴安岭地区，有着绵延不断的低山和繁茂的原始森林，孕育了东北虎、棕熊、猞猁、驼鹿等珍稀动物，这里也是西伯利亚蝮和乌苏里蝮的家园。

在溪流处栖息的乌苏里蝮

落叶堆中的黑眉蝮

与居住在大兴安岭的西伯利亚蝮不同，黑眉蝮在我国东北地区主要沿长白山脉分布。在山中的破旧石墙、落叶堆或者向阳的石堆中，经常可以看到它们的身影。春季和秋季的早晨，它们经常会好几条聚集在一起晒太阳，等身子暖了再开始四处活动。

夏末秋初，聚集在一起晒太阳的黑眉蝮

华北地区

华北蝮主要生活在我国华北地区太行山脉和黄土高原，在森林边缘的乱石丛生的灌木丛中常能见到。在一些地区，华北蝮与短尾蝮会同时栖息在一片山区，但是，华北蝮一般都栖息在海拔较高的地方，在 1000 米以上的半山腰或山顶；而短尾蝮喜欢栖息在海拔较低的山脚下。

在岩石堆晒太阳的华北蝮

北京与河北交界的门头沟山区

25

荒漠中的蝰蛇

在我国西北地区有广袤的荒漠、戈壁滩，这里干旱、缺水，只有少数爬行动物在这些地方生存。阿拉善蝰是其中比较常见的蛇类，它们体色一般为乳白色，长有淡黄褐色的斑纹，和地表的沙石很相似。由于这种环境中的植被较少，它们经常躲藏在老鼠及其他小型哺乳动物的洞中。

阿拉善蝰

我国西北地区的荒漠、戈壁是阿拉善蝰的生活环境（新疆阿勒泰地区）

新疆昌吉的沙漠看上去荒无生机，却栖息着花条蛇、阿拉善蝮、沙蟒等蛇类，它们多以小型啮齿动物和蜥蜴为食

阿拉善蝮的体色与周围的沙漠环境很相像，起到保护色作用，不容易被天敌发现

高原上的蝮蛇

　　高海拔的山区环境恶劣，这里紫外线照射强烈、缺氧、昼夜温差大。然而，蝮蛇却可以克服这些恶劣环境而在此处生存。2017年，本书作者史静耸在青海发现了一个蝮蛇新种，将它命名为"红斑高山蝮"。它生活在海拔4000多米的青海三江源地区，这是中国毒蛇分布海拔最高的纪录。这种蝮蛇身体的颜色非常鲜艳夺目，更特别的是，它在野外竟然吃蛾子，这可能是因为它的栖息地食物太过匮乏。

青海三江源通天河流域，是红斑高山蝮的栖息地

　　红斑高山蝮可以说是蝮蛇中体色最鲜艳的一种，栖息在青海三江源地区，海拔高达 4000 多米。

（彭建生　摄）

高山兀鹫（陈熙尔 摄）

胡兀鹫（陈熙尔 摄）

雪豹（彭建生 摄）

红斑高山蝮的"邻居"

　　青海三江源地区不仅栖息着色彩绚丽的红斑高山蝮，同时也是雪豹、岩羊、胡兀鹫、棕熊、鼠兔等珍稀动物的家园。

岩羊（陈熙尔 摄）

高原鼠兔（陈熙尔 摄）

喜马拉雅旱獭（陈熙尔 摄）

雪豹（彭建生 摄）

秦岭蝮生活在海拔 2000 米以上的秦岭地区

秦岭蝮的栖息地

高原蝮栖息在海拔 3000 多米的川西高原上，这里的少数民族居民主要以康巴藏族为主

雪山蝮（房以好 摄）

雪山蝮（Gernot Vogel 摄）

雪山蝮栖息在云南丽江、中甸等金沙江
流域海拔 3000 米以上的山区。在高山
草甸、灌丛中常见（彭建生 摄）

喜山蝮生活在印度、尼泊尔等，海拔最高可达 4880 米，是世界上毒蛇分布的最高海拔记录（Deepak CK 摄，印度）

喜山蝮的生活环境（谭博 摄于尼泊尔）

37

若尔盖蝮分布于四川东北部，与青海、甘肃交界的地方。喜欢生活在高山草甸中的石堆或矮灌丛中。

高原林蛙在若尔盖蝮的栖息地很常见，是若尔盖蝮的食物之一

(刘锦程 摄)

若尔盖蝮身上的花纹多种多样，有的是细碎的斑点，有的则是连续的条纹。

海岛上的蝮蛇

　　海岛的环境相对封闭，缺乏淡水和食物，但在很多海岛上都有蝮蛇栖息，最著名的就是位于辽宁大连的蛇岛。蛇岛占地面积不到1平方千米，竟有近2万条叫作"蛇岛蝮"的蝮蛇在上面繁衍生息，它们主要靠捕食春、秋季迁徙途径岛上的候鸟生存。

　　在与蛇岛隔海相望的山东长岛群岛上，同样有很多蝮蛇——"长岛蝮"，与大连蛇岛上的蝮蛇虽然不是同一种，但它们的生活习性很相似，都有爬树、捕鸟的习性。

蛇岛蝮经常三五成群地聚集在一起，彼此和平共处

蛇岛蝮的栖息地——蛇岛

蛇岛日出

栖息在山东长岛群岛大黑山岛上的长岛蝮

长岛蝮（顾晓军 摄）

45

第三篇 蝮蛇的生存方式

吞食鸟类的蛇岛蝮

天生的猎手

　　蝮蛇最主要的食物是老鼠，所以对人类是有益的。除了老鼠之外，蝮蛇还会因地制宜地捕食一些其他小型动物，如鸟类、蜥蜴等，同时也会捕食一些昆虫、蜈蚣等无脊椎动物。蝮蛇的食谱也会随着成长而改变，例如长岛蝮，小时候体型太小，吃不下老鼠，只能捕食蜈蚣等，长大后就可以吃老鼠和鸟类了。

　　蛇岛蝮栖息在海岛上，能够逮到的猎物种类十分有限，以春、秋两季迁徙路过蛇岛的候鸟为主要食物。每年春季和秋季是它们活动和觅食的旺季，这段时间，蝮蛇纷纷爬上树，一动不动，等待时机。一旦小鸟落到它们面前，它们就会突然探出身子，一口咬住小鸟，然后慢慢吞食。

生活在蛇岛上的蝮蛇很多，有时候挤在一起就会争夺食物，不过这种争斗只是短暂的，其中一条慢慢占据上风，另一条就会主动放弃

47

蛇岛蝮捕食北灰鹟

蛇岛蝮在树枝上咬住一只北灰鹟

拖着猎物从树上爬到地面上

找到鸟头，开始吞咽

到达地面以后，开始寻找鸟头，准备从头开始吞

　　蛇岛蝮在树枝上咬住猎物后，多数都是从树上滑到地面上慢慢吞食。先是放开猎物，找到猎物的头部，从头部开始吞起。如果猎物太大，在吞咽的过程中，蝮蛇的上下颌往往会脱臼。所以，吞下猎物后，蝮蛇往往会张大嘴巴，打一个大大的"哈欠"，将上下颌的关节重新复位。

吞下将近一半，最难吞咽的翅膀已经被吞下

即将大功告成，只剩下鸟尾巴

吞咽结束后，打个"哈欠"，将脱臼的上下颌骨调整回采

整只鸟都被吞下

长岛蝮捕食红胁蓝尾鸲（宋晔 摄）

　　除了辽宁的蛇岛之外，山东的长岛群岛也是候鸟迁徙的必经之路，所以，长岛蝮在春季和秋季也会抓住机会，爬上树捕食鸟类，这个习性和蛇岛蝮很像。

红斑高山蝮呕吐物中的飞蛾

长岛蝮的排泄物中发现的蜈蚣残骸

生活在青海高原地带的红斑高山蝮的食谱是最与众不同的，它们能够捕食飞蛾，这可能是由于它们的生存条件太恶劣，可供捕食的老鼠和青蛙都很少，为了生存，不得不做出这样的选择。而在人工饲养的环境下，它们对投喂的老鼠也是"欣然接受"的。

不过，昆虫的种类那么多，为什么红斑高山蝮偏偏喜欢吃飞蛾，而不是其他不会飞的昆虫呢？它们是怎样吃进飞蛾的？目前还是个谜。有人猜测，雌性飞蛾会向空气中释放信息素吸引雄蛾，这种信息素的味道刚好被蛇闻到，于是蛇就顺着气味找到了它们，当然，这只是一种猜想，还需要通过科学研究来证实。

吃过鸟的长岛蝮在树上休息，嘴边还挂着一根鸟羽毛
（宋晔 摄）

天敌

虽然蝮蛇有剧毒，大多数动物都不敢招惹它们，但是在自然界还是有很多动物可以杀死它们，甚至吃掉它们。

鹭、鹳、鹤等水鸟都有很长的喙，就像一根长镊子一样，可以夹住小型蛇类，一口吞下，毒蛇的体型短小，往往没有还"嘴"之力。

非洲的蛇鹫也是毒蛇的劲敌。蛇鹫拥有像水鸟一样修长的脖子和腿，它们捕食毒蛇的动作很娴熟，一边用长有长长羽毛的翅膀护住身体，一边用脚迅速对准蛇头猛踢和踩踏，铁钩一样的爪子很快就可以杀死毒蛇，就这样，一条凶猛的毒蛇变成了蛇鹫的美餐。

捕食蛇类的双角犀角（陈建伟 摄）

普通鵟捉到一条蛇岛蝮（边缘 摄）

在中国南方，有种猛禽叫作"蛇雕"，就是因为喜欢吃蛇而闻名。此外，长着大大嘴巴的犀鸟也会把小型蛇类当作食物。在兽类中，獾、獴、野猪，甚至是刺猬，都会把小型蛇类当作美食。

蛇雕捕食黄斑渔游蛇（吴健晖 摄）

事实上，虽然以蛇类为食的动物很多，但并不是所有的动物都愿意去冒险捕食有毒的蝮蛇。猛禽吃蛇的场景不算罕见，而真正敢于直接捕食蝮蛇的却很难见到。

右面这张照片摄于我国东北地区。这是一只成年的灰脸鵟鹰叼着一条黑眉蝮蛇喂巢中的幼鸟吃。

更稀奇的是，被灰脸鵟鹰捕食的蝮蛇嘴里还叼着一只吞咽到一半的老鼠！也许当时这条黑眉蝮蛇刚刚捕捉到一只老鼠，只顾着吞吃，而这一幕刚好被空中觅食的灰脸鵟鹰撞见，于是灰脸鵟鹰抓住时机，猛地俯冲下去，来了个"蛇鼠俱获"。因为蝮蛇在吞咽老鼠的过程中，嘴被塞得满满的，不能再使用毒牙，所以丧失了一切反抗的能力，所以给灰脸鵟鹰创造了偷袭的机会。试想，要不是这条黑眉蝮正吞食老鼠，灰脸鵟鹰大概也不敢轻易挑战这么危险的"对手"吧？

灰脸鵟鹰捕食黑眉蝮（杨晓光 摄）

休眠

冬眠

  在我国西北的一些地区，阿拉善蝮还有一个特别的习性——它们会集群冬眠，有时候还会与黄脊游蛇抢占同一个洞穴。每到秋季，这些蛇就会从四面八方聚集到冬眠场所；到来年初春又会倾巢而出，场面十分壮观。阿拉善蝮的冬眠场所一般在有较多缝隙的红胶泥土堆中，洞中比较温暖，即使在严冬季节也能保持在 5～10℃。

阿拉善蝮和黄脊游蛇挤在同一处洞穴，准备冬眠

阿拉善蝮经常会聚集在一起晒太阳

夏眠

在蛇岛上，蝮蛇只有春、秋两个季节可以吃东西，夏季炎热，食物又稀少，为了减少能量消耗，蛇岛蝮会通过"休眠"来度过夏季。有时候它们会三五成群地躲在阴凉的石缝中蛰伏，直至秋季候鸟飞来才开始上树活动。

生活在长白山区的黑眉蝮是蛇岛蝮的近亲，它们捕食不受候鸟迁徙的限制，所以没有夏眠的习性，春、夏、秋季都会出来活动。

多条蛇岛蝮挤在同一处石缝中"夏眠"

第四篇 蝮蛇的繁衍生息

正在交配的蛇岛蝮（李建立 摄）

蝮蛇的生殖器（半阴茎）

繁殖

　　与大多数动物不同，雄性蝮蛇有一对外生殖器，藏在尾巴根靠近肛门两侧的地方，称为"半阴茎"。半阴茎多数时候都收缩在尾巴下面，到了交配的时候，生殖器才会伸出，看上去像是两条"腿"一样，只不过蛇的半阴茎里没有骨头。由于容纳了半阴茎的缘故，一般来说雄蛇的尾巴要比雌蛇显得更粗壮一些。大多数蛇的半阴茎末端都有大小不一的硬刺。有些蛇的半阴茎像树枝一样分叉，有些则没有。

卵胎生的蝮蛇

蛇类的繁殖方式有两种，一种是卵生，像鸟类一样产下卵，再孵出小蛇来；另一种是卵胎生，卵在母体内孵化后直接生出小蛇。蝮蛇属于卵胎生蛇类。

刚出生的蛇岛蝮幼蛇，身体包裹在一层薄薄的透明卵膜里，但它不久就会挣脱卵膜，爬出来呼吸生命中的第一口新鲜空气

那么，蝮蛇的"卵胎生"和其他哺乳动物的"胎生"有什么区别呢？虽然看上去都是母体直接生出幼体，但是胎生的哺乳动物在出生以前，会通过脐带与母体连接，吸收来自母体的营养；而卵胎生的动物，它们的胚胎在母体内独立孵化，不从母体吸收营养，只是靠吸收卵膜内的卵黄来发育成长。

蝮蛇这种卵胎生的方式，可以使它们的卵在母体内得到充分的保护，直到孵化出生，能够增加后代的成活率。蝮蛇的怀孕期一般为3～4个月，春季交配，秋季产仔。蝮蛇一窝可以产下4～12条幼蛇，产仔的数量与蝮蛇的种类、年龄和营养状况有关。

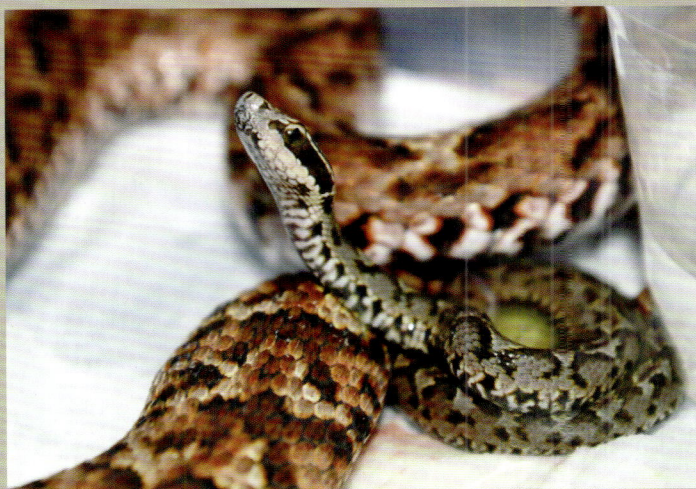

短尾蝮产仔的过程（阳扬炀 摄）

五颜六色的蝮蛇

个体变异

    虽然大多数蝮蛇看起来颜色都很灰暗，但有时也会变得很鲜艳。一般来说，导致蛇类体色变化的原因主要有两种，一种是正常的个体变异，另一种就是基因上的突变。

    个体变异的现象在绝大多数动物群体中普遍存在，正所谓"一龙生九子，九子各不同"，蝮蛇也是一样的，即使同一窝的蛇，"兄弟姐妹"彼此的体色也各有不同。

    例如，分布于吉尔吉斯斯坦、哈萨克斯坦等中亚国家的卡拉干达蝮，有些个体是红棕色的，而有些是橘红色的，这是正常的个体变异现象，并不属于基因突变，而白化蝮蛇则是基因突变的典型案例。

淡红棕色的卡拉干达蝮（姜中文 摄）

橘红色的卡拉干达蝮

    卡拉干达蝮分布于吉尔吉斯斯坦、哈萨克斯坦等中亚国家。有些个体是鲜艳的橘红色或红棕色。但这都属于正常的体色变化，不属于基因突变。

基因突变的"金蛇"

在人类中,偶尔会出现"白化"现象:有的人因为先天基因上的改变,体内缺少酪氨酸酶,不能合成黑色素,所以头发是白色的,皮肤看上去颜色更加粉嫩。其实,"白化"现象在动物中也偶尔会出现。我们常见的小白鼠和小白兔也都属于白化动物。蝮蛇也会发生白化变异,例如图中的黑眉蝮和短尾蝮,因为基因的突变,无法合成黑色素,所以身体是金黄色的,眼睛也是红色的,看上去十分美丽,这也就是传说中"白蛇"和"金蛇"的由来。在一些国家,白化的蛇类也被作为宠物而被广泛地选育和繁殖。

白化蛇岛蝮(李建立 摄)

白化(左)和黑化(右)的蛇岛蝮(李建立 摄)

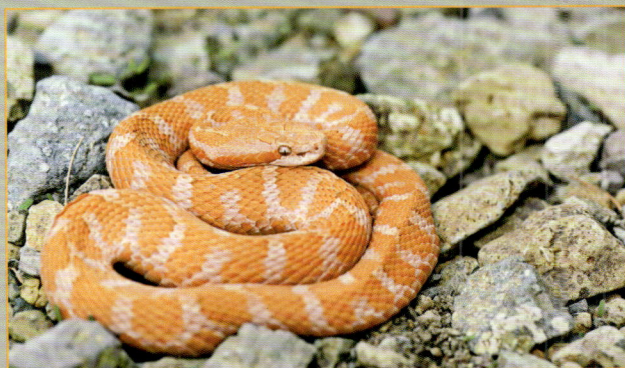

白化黑眉蝮

白化短尾蝮(陈立桥 摄)

双头蝮蛇

基因突变不仅可以导致动物的体色发生改变，也可能影响动物的胚胎发育，产生畸形个体。在蛇类中，由于基因突变，在一条躯干上甚至会长出两个头。一般来说，这两个头能够分别控制躯体的行动，各自独立进食，但是共用一套呼吸系统和消化系统。这样的双头蛇一般不太容易存活。

基因突变而产生的双头短尾蝮蛇

正面

反面

第五篇　蝮蛇与人类

蝮蛇与人类有着密不可分的关系，虽然它们有毒，有时候会咬伤人、畜，但它们也擅长捕食老鼠，对生态平衡起着重要作用；蝮蛇的蛇毒有很高的医用价值，对人类健康非常有益。所以总的来说，蝮蛇对人类利大于弊。

与黑眉蝮栖息在一起的赤峰锦蛇

辽宁东部的山区，一条雌性黑眉蝮趴在砖墙上晒太阳

人类的"邻居"

虽然大多数的蛇喜欢栖息在人烟稀少的地方，但是在一些山区，蛇偶尔也会溜进村子里，成为人们的"危险邻居"。

在我国东北地区的山区，人们居住的平房周围的柴草堆、石头墙上，常会有蝮蛇、棕黑锦蛇、白条锦蛇等多种蛇类出没，这主要是因为居民区的老鼠吸引了它们。

蝮蛇出现在人居住的地方，会给人们的生活带来一定的安全隐患。

如果在居住地发现有蛇溜进院子或者屋子里，千万不要捉它或者打它，以免被咬伤。可以用长木棍、树枝或铁钩把蛇挑开，扔到远处。

如果居住在蛇类较多的山区，要注意及时清理房前屋后的垃圾，不给老鼠创造生存和繁殖的机会；同时填埋鼠洞、墙缝等可供蛇类藏身的地方。没有了食物和"住所"，蛇自然也就会离开。

致命的蛇毒

　　毒蛇具有毒牙，不同毒蛇的毒牙形状、大小都不一样，主要分为沟牙和管牙两大类。毒牙的一头尖尖的，用来刺破猎物的表皮；另一头则连着毒腺，将毒液输送到毒牙的尖部，向猎物注射蛇毒。

　　蛇毒按照毒性，大致可以分为三大类——神经毒、血液毒和混合毒。蝰蛇、五步蛇、烙铁头的蛇毒主要成分是血液毒，会破坏猎物的血细胞和肌肉等，导致肿胀、组织坏死。而金环蛇、银环蛇则主要以神经毒为主。被金环蛇、银环蛇咬伤的受害者，初期没有剧痛和肿胀，但蛇毒会在一段时间内侵袭神经系统，阻断神经突触间的信号传递，导致神经麻痹，进而出现呼吸衰竭、心跳停止等严重后果，所以神经毒往往比血液毒更加危险。蝮蛇的蛇毒是混合毒，主要以血液毒为主，兼有一些神经毒素。被蝮蛇咬伤后，伤口一般会出现肿胀、麻木、血流不止等局部症状，也会出现头晕、恶心、反胃、视力模糊等全身症状，如果救治不及时，可能会因肾脏衰竭而死亡。

红斑高山蝮的毒牙相对比较短小

扑咬猎物的阿拉善蝮，嘴里露出两枚尖尖的毒牙（刘强 摄）

毒液的注入口
从毒腺分泌后，从毒牙
根部的孔流进毒牙

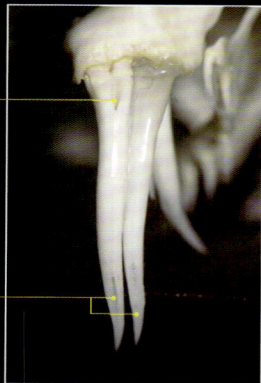

毒液从牙尖小孔流出，
注入猎物体内

尖吻蝮毒牙的形状就很
像是弯曲的注射器针头

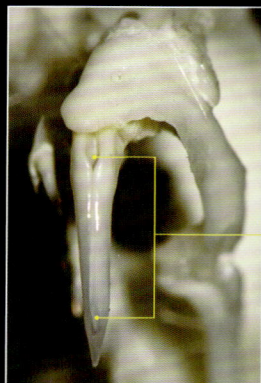

眼镜蛇毒牙侧面有一
道沟槽（朱建青 摄）

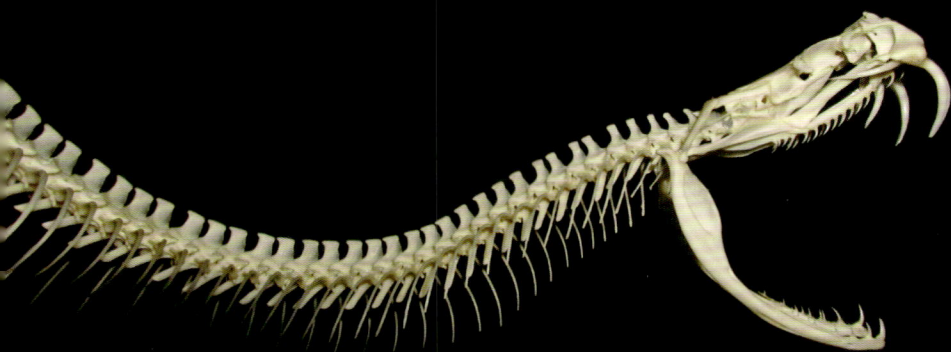

尖吻蝮的骨骼标本（朱建青 摄）

万一不小心被蝮蛇咬伤该怎么办呢？这时不要惊慌，一定要尽快摘除手上所戴的戒指、手镯等首饰，并清洗伤口、对肢体靠近心脏的一端进行结扎，然后尽快前往医院治疗，切记千万不能随意奔跑、剧烈运动，或是贸然火烧、切割伤口，更不能饮酒。

治疗毒蛇咬伤最有效的药物是"抗蛇毒血清"。抗蛇毒血清一般是从家畜（马）的血液里提取出来的。制药者向动物体内注射一定剂量的蛇毒，在保证其存活的前提下，促进其血液中产生抗体，再提取出含有抗体的血浆，进一步提纯，就得到了抗蛇毒血清——这正是利用的"以毒治毒"原理。

蝮蛇的贡献

　　虽然蝮蛇的蛇毒对人来说是致命的，但是，将蛇毒中的一些抗凝血的成分提取出来，却能够化害为利，用来生产治疗心脑血管等疾病的良药。所以在很多国家，蝮蛇都被广泛地人工饲养，提取蛇毒，制成各种药品，有着很高的医用价值。

　　蝮蛇捕食老鼠，对鼠害有一定的防治作用，同时，蛇类也是其他动物的食物，所以，蝮蛇是自然界食物链中一个重要的环节，在维持自然界的生态平衡中起着不可替代的作用。

　　此外，蝮蛇利用颊窝探测红外线的本领也经常成为仿生学领域研究的对象，人们利用这一原理研制出了响尾蛇导弹、红外线夜视仪等高科技设备。

保护蝮蛇

　　蝮蛇对人类有很大的贡献，是一种重要的野生动物。但是随着人口的增加、环境的破坏和人为的捕捉，蝮蛇的栖息地在不断减少，生存受到一定的威胁。为了保护蝮蛇，我国对蛇类等野生动物加强了保护和管理。建立了以保护蛇类为主的自然保护区，投入了大量人力和物力。

2012年蛇岛蝮蛇第二次种群普查，蛇岛蝮的种群数量约为20000条（王健 摄）

　　渤海中的蛇岛，是蛇岛蝮的唯一栖息地，一旦蛇岛遭到破坏，蛇岛蝮这个珍稀的物种就会灭绝。所以，在蛇岛上建立自然保护区是保护它们最有效的措施。蛇岛老铁山国家级自然保护区是中国第一家，也是唯一一家以保护蛇类为主的自然保护区。保护区不仅要保护蛇岛上的蝮蛇，还要保护迁徙途经蛇岛和老铁山的候鸟，只有候鸟的数量充足，蛇才有足够的食物，否则就会饿死。

　　保护区工作人员常年驻守在蛇岛和老铁山上，定期进行巡查，杜绝非法捕猎，为春、秋季迁徙经过的候鸟"保驾护航"。同时也进行与蛇类、鸟类有关的科学研究和科普宣传工作。每隔几年，保护区还要组织蛇岛蝮种群调查工作，以精确地掌握蛇岛蝮种群变化动态。在保护区成立以前，蛇岛曾经遭受过火灾、盗猎等"天灾人祸"，如今，数十年的保护工作已见成效，蛇岛蝮的种群数量逐渐恢复并趋于稳定。

　　然而，保护蝮蛇，保护野生动物的工作任重而道远。希望在人们的共同努力下，蛇岛蝮这种珍稀的蝮蛇能够在这座美丽的海岛上永远生存下去。

2012年蛇岛蝮蛇第二次种群普查工作

图书在版编目（ＣＩＰ）数据

蝮蛇的故事 / 史静耸, 王小平著. -- 北京：
中国林业出版社, 2018.12
（绿野寻踪）
ISBN 978-7-5038-9898-3

Ⅰ. ①蝮… Ⅱ. ①史… ②王… Ⅲ. ①蝮蛇－基本知
识 Ⅳ. ①Q959.6

中国版本图书馆CIP数据核字(2018)第278404号

出　版　中国林业出版社（100009 北京西城区德内大街刘海胡同 7 号）
网　址　www.cfph.com.cn
E—mail　Fwlp@163.com
电　话　(010) 83143615
发　行　中国林业出版社
印　刷　固安县京平诚乾印刷有限公司
版　次　2018 年 12 月第 1 版
印　次　2018 年 12 月第 1 次
开　本　880mm×1230mm　1/24
印　张　3
定　价　20.00 元